AF879827

Edizioni Epoké

Roberto Morgese
Marco Rodolfi

La Teoria del porcino

Filosofia semiseria (e un po' amorosa) per chi cerca

Edizioni Epoké

ISBN 978-88-31327-20-6

Prima edizione: 2021

Edizioni Epoké – La Torretta
Via N. Bixio, 5
15067, Novi Ligure (AL)
www.edizioniepoke.it
epoke@edizioniepoke.it

Editing e progetto grafico: Federica Tosadori, Edoardo Traverso
In copertina: illustrazione di Angelita Carcano

I edizione

Indice

Premessa

È una forzatura attribuire pensieri, intenzioni e azioni ai funghi e in particolare ai porcini, se non altro perché nessuno è mai stato testimone diretto di un atto volontario da parte di alcun carpoforo del nobile micelio. Tuttavia, perché non lasciarsi andare al gioco? In fondo si tratta semplicemente di seguire la vena di naturale animismo che ciascuno di noi ha fin dalla nascita e che, crescendo, camuffa con delle coperture di pensiero razionale.

Quando però si va per funghi nel bosco, magari senza scomodi testimoni, allora è innegabile che molti dei pensieri che si possono leggere nei paragrafi successivi caratterizzano gli stati d'animo del cercatore. A volte, se siamo sicuri di non essere osservati o uditi, osiamo anche pronunciarli ad alta voce.

Quale appassionato di boleti non ha mai esclamato: "Eccoti finalmente", davanti alla scoperta del porcino dei suoi sogni? Oppure: "Maledetti, dove vi siete nascosti?", non trovandone alcuno.

Ogni lettore decida dunque se prendere le distanze con snobismo e sufficienza dalle massime contenute nel volume; se condividerle segretamente, per timore di essere deriso da qualche altro cercatore che ostenta una falsa freddezza; se abbracciarle pubblicamente.

La corretta paternità della Teoria è parzialmente avvolta nel mistero. Alcuni la attribuiscono all'uno o all'altro pensatore. Certi dicono sia originaria di certe zone o addirittura di certi quartieri di Milano. È unanimemente riconosciuto, però, che abbia trovato la sua prima applicazione sulle Alpi Piemontesi e da lì si sia diffusa ovunque

Sappiamo inoltre con certezza che, nella forma qui presentata, essa è stata elaborata in gioventù da due assidui fungaioli, in quell'età in cui le menti non si dissociano dai cuori e sono vulcani continuamente attivi. In quel periodo della vita in cui si cercano risposte e chiavi di lettura che la Teoria, come qualunque elaborazione intellettuale saldamente ancorata alla pratica del vivere, ha saputo fornire fin da subito. Da allora è stata un faro illuminante, la cui luce è cresciuta corroborata dalle singole esperienze.

Ognuno può decidere liberamente di abbracciarla o meno, di fare pubblica professione o outing in circoli ristretti ma, comunque vada, non si può sfuggire all'oggettiva evidenza: la Teoria del porcino... È la pura verità!

La Teoria del porcino è molto semplice. La possono capire tutti.

La Teoria del porcino

La Teoria del porcino è molto semplice. La possono capire tutti.

Non lo affermiamo per sminuire il nostro pubblico, sicuramente più pronto e ferrato di noi nelle disquisizioni filosofiche, ma per mostrare a tutti la chiara evidenza lapalissiana che la contraddistingue. Probabilmente i lettori non ne hanno mai sentito parlare prima ma, non appena l'avranno letta, non potranno fare altro che confermare: "Eh sì, è proprio così!".

La Teoria del porcino, infatti, è un costrutto teorico inconfutabile che contraddice qualunque criterio di falsificabilità logica o filosofica perché vince in assoluto sul piano dell'esperienza umana, forse non proprio quotidiana, ma sicuramente molto comune e frequente.

La Teoria del porcino è universale e non è sicuramente limitata, come forse il suo nome farebbe supporre, alla condizione o all'occupazione di coloro che sono cercatori occasionali o abituali di funghi. La sua portata esplicativa travalica la semplice azione di raccolta nel bosco, permettendo anzi di cogliere il senso di soddisfazione e pienezza che la permea, una sensazione di verità che può riconoscere senza alcuna difficoltà o remora chiunque abbia cercato qualcosa nella vita: stiamo quindi evidentemente parlando dell'intero genere umano. Come dire: ogni persona, inconsapevolmente, già la conosce ma non ne è consapevole; non si è mai rappresentata con chiarezza la Teoria. Il nostro compito è quindi solamente quello di rendere chiaro e nitido, alla mente di chiunque, l'impianto filosofico e il valore teoretico universale.

Se è dunque capitato a qualche lettore o lettrice, nel corso della sua manchevole e indigente esistenza terrestre, di mettersi alla ricerca di qualcosa di preciso, che sia un semplice oggetto, come quello specifico costume da bagno ora forse scontato e finalmente nel cestone dei saldi ma che il poveretto aveva già adocchiato in vetrina a un prezzo esagerato; oppure uno stato permanente di benessere dell'anima, come la felicità o una delle sue tante chimeriche trasfigurazioni, allora quella persona è pronta a leggere, a capire al volo e condividere la Teoria del porcino.

Se invece chi apre queste pagine è una o uno che non sa mai che cosa vuole, che non si accontenta di niente, che non è mai soddisfatto o soddisfatta di nulla, allora farà fatica a comprenderne pienamente il significato. Tuttavia, la lettura della Teoria del porcino può essere edificante per chiunque: costituisce, infatti, un'irrinunciabile occasione per cambiare nella vita. Forse un'opportunità di portata salvifica.

A questo punto ci siamo forse dilungati troppo. È meglio entrare direttamente nel solido impianto intellettuale e nel delicato contenuto metaforico che esso esprime.

Caro lettore o cara lettrice, immagina di trovarti in un bellissimo bosco di montagna.

Tra metafora e realtà

Caro lettore o cara lettrice, immagina di trovarti in un bellissimo bosco di montagna. Sei a un'altitudine tra gli 800 e i 1.500 metri. Intorno a te si allarga un'immensa distesa di conifere e latifoglie.

I colori dell'autunno iniziano a farsi notare sui larici con i primi aghi dorati, mentre il verde di pini e abeti è ormai talmente maturo da contrastare con la tenera sfumatura iridescente del muschio. La luce del primo sole del mattino filtra tra i rami, riflettendosi argentea sulle cortecce candidamente bianche delle betulle e su quelle nobilmente grigie dei faggi.

Qualche raro castagno, che esibisce con fierezza i suoi ricci ingrossati pronti ad aprirsi, ha osato avventurarsi a quell'altezza sulle pendici della montagna, arricchendo la varietà di essenze arboree del bosco.

Qua e là, alti tappeti di felci spiccano tra l'imperlata varietà di erbe del sottobosco, rorido di rugiada, decorando il pavimento marrone delle vecchie foglie di faggio e la distesa di aghi di pini e abeti, caduti durante l'anno.

L'umidità diffusa pare avere quasi la consistenza della nuvola a bassa quota; la temperatura è appena poco più che fresca.

L'ambiente, l'ora il clima, la stagione... Tutto, insomma, è ideale per mettersi alla ricerca del fatidico e prelibato prodotto della terra: il fungo.

Naturalmente non si intende un qualunque fungo.

Per gli estensori della Teoria, andare a funghi, in certi luoghi e a certe latitudini, ha sempre significato cercare più che raccogliere. Una ricerca che si traduce in "porcino", nella forma della particolare specie del *Boletus edulis*! Lui, l'oggetto della tua ricerca, in questo frangente assume le caratteristiche della perfetta opera della natura.

Una specie di archetipo, pur nella varietà delle sue manifestazioni.

È di statura variabile, ma nella sua forma armoniosa assume una taglia media, che lascia le sue parti perfettamente proporzionate l'una rispetto all'altra. La sua liscia cappella tondeggiante e convessa è di un marroncino scuro, molto simile al colore che usano i bambini per dipingere i tronchi degli alberi nei loro ingenui disegni. La sua morbida spugna è di un bianco latteo, con leggerissime sfumature verdastre e giallognole. Il suo gambo sodo e filamentoso mostra a occhio nudo la composizione longitudinale.

Inizi un'attenta osservazione del bosco. Avrai occhi solo per lui.

Ti muovi piano, con lentezza. Se corri, sai che difficilmente riuscirai a mettere a fuoco l'oggetto del desiderio. Sei calmo o calma, in preda a un atteggiamento quasi scanzonato perché hai appena iniziato a camminare. Non osi fischiettare per non turbare il magico e sospeso silenzio della montagna, ma il tuo caldo respiro fa nuvolette di vapore, come se volessi integrarti meglio possibile con il paesaggio.

Te lo senti: troverai qualcosa!

Il tuo desiderio è sincero, come se stessi vivendo un'avventura dello spirito. Durante la passeggiata, cerchi il porcino per il solo piacere di ricevere dalla terra, percorsa da innumerevoli reti di micelio, quel dono vivente, sodo e prelibato, che solo l'humus umido sa così amorevolmente confezionare.

Non hai infatti intenzione di raccogliere porcini da vendere ad altri, né ti sei messo all'opera con il solo intento di mostrare un ricco e vanitoso bottino agli amici rimasti a casa (se per caso appartieni alla schiatta dei fungaioli vanitosi, allora è già chiaro in partenza che cosa vai cercando nella vita e potresti interrompere la lettura a questo punto del volume, anzi fallo e getta il libro alle fiamme!).

Non sei neppure stato incaricato dalla suocera di trovare un bel fungo per il risotto da cucinare in vista dell'arrivo dei parenti la domenica successiva. Una motivazione del genere non sarebbe bastata a farti risalire tenacemente la montagna; tutt'al più avresti fatto solo finta di cercare, senza davvero guardarti intorno, facendole poi credere di aver provato di tutto, ma proprio di tutto per accontentarla però... Purtroppo niente!

Non ne fai neppure una questione prettamente culinaria, che sai potresti soddisfare al meglio abbracciando e raccogliendo altre qualità di funghi, a seconda del piatto che hai in mente.

Non è una questione alimentare, stai cercando lui perché sai che solo lui ti può dare quella sensazione unica di incontro perfetto.

Piano piano ti accorgi che i giochi di chiaroscuro del sole sul fondo del bosco ingannano l'occhio, ma tu non ti scoraggi. Si tratta di uno scherzo che la montagna fa; l'avevi messo in conto.

Non passa molto che... Eccolo finalmente!

Là, poco distante, spicca qualcosa le cui fattezze non possono che richiamare alla memoria visiva l'immagine dell'amato boleto.

Ti precipiti senza esitazione. Mentre ti muovi compare però un alone di dubbio: "Ho visto bene? Si tratta realmente di ciò che cerco o è un abbaglio?". Conservi e nascondi in te quello stato d'animo titubante quasi per scaramanzia e per non cantar vittoria troppo presto. "Sai che ridere..." ti

dici, mentre raggiungi il punto preciso dell'ipotetica raccolta "...Se mi fossi sbagliato".

Poi, come una profezia che si autoavvera, la delusione non tarda a sorprenderti: non era un porcino, ma una zolla di terra rialzata e coperta da alcune foglie di faggio, sostenute da un tronchetto spellato e chiaro. Sorridi ma, essendo solo, non hai alcun bisogno di dissimulare la leggera rabbia che ti coglie e che si manifesta sul tuo viso con una smorfia beffarda: "Eppure sembrava!".

Che stupido! Come hai potuto dimenticartene: non hai tenuto conto della Teoria del porcino!

Sai benissimo che quando cerchi porcini puoi mille volte sbagliarti e prendere abbagli; puoi mille volte scambiare una zolla per un autentico e fresco fungo, ma finché dentro di te non avrai la certezza assoluta che ciò che hai avvistato è davvero un porcino, allora non potrai dire di averlo trovato davvero. Perché, come recita l'assioma, perno dell'intero impianto teorico:

L'oggetto della tua ricerca non lascia mai dubbi
(che sia il porcino come caso emblematico o altro).
Quando lo vedi davvero, nessuna incertezza si fa spazio
nei tuoi pensieri o sentimenti, dal momento in cui lo noti
al momento in cui lo cogli.
È ciò che cerchi, ciò che vuoi, ciò che trovi!

Se non tieni bene a mente questa breve ma indiscutibile asserzione, può capitarti di confonderti e di pigliare fischi per fiaschi. E succederà di conseguenza, fino a che non avrai verificato sul campo, che dentro di te rimanga sempre quel piccolo margine di dubbio che ciò che stai andando a cogliere non sia, in realtà, proprio ciò che andavi cercando, bensì chissà quale altro corpo boschivo. Infatti, ogni volta che avverti nell'intimo una sensazione implicita e sottocutanea di malcelata incertezza sulla congruità del tuo avvistamento rispetto all'oggetto della tua ricerca, allora devi mettere in conto che ciò che vedi in lontananza e che ti chiedi: "È o non è?", probabilmente non sarà. Inutile illudersi: devi essere consapevole che probabilmente vuoi solo convincerti che stai per cogliere ciò che desideri, senza però averlo realmente notato intorno a te. E la cruda verità è che il dubbio iniziale condizionerà comunque la tua esperienza, indipendentemente dalla sua conclusione.

Quando invece distingui chiaramente la sagoma complessiva dello scopo delle tue affannose osservazioni ambientali, allora non hai bisogno di dubitare: vai a colpo sicuro. È porcino. È certezza in te. È convinzione accompagnata dalla tipica calma e dalla placida determinazione di chi finalmente sa che il suo obiettivo è raggiunto. Non hai mentito a te stesso: quello che cercavi, finalmente l'hai trovato!

Il vero boleto non mente mai, esattamente come la Teoria del porcino.

Non di soli porcini vive l'uomo. Esiste infatti una serie pressoché infinita di varianti alla specie Boletus edulis.

La variante porcinello

Non di soli porcini vive l'uomo. Esiste infatti una serie pressoché infinita di varianti alla specie *Boletus edulis*.

Tralasciando eccellenze come il *Boletus aereus* e poche altre, le rimanenti sono qualità specifiche di funghi della stessa famiglia, che possono essere considerate fratelli minori, o meglio fratellastri del nostro beneamato.

Ci sono quelli duri, scuri e legnosi che crescono sotto i pini; quelli con gambi sottili come polpacci di ballerina, ma tuttavia meno alteri nell'aspetto (sono tipici dell'alta pianura, si sa come sono tutti in quelle zone!); quelli con la cappella viscida o reticolata, che fa un po' schifo raccogliere anche se sono mangerecci; quelli che appena li tocchi diventano blu e ti viene un colpo solo a guardarli, anche se, opportunamente trattati con segreti metodi da vecchia zia, te li puoi pappare tranquillamente; quelli che assumono forme che, per decenza e decoro, preferiamo non descrivere attraverso similitudini che richiamino l'anatomia umana maschile; quelli così piccoletti e insignificanti che sembrano fatti di plastica e, quando li trovi, ti verrebbe voglia di chiedere loro: "Scusa, ma tu saresti un boleto?", poi però non lo fai perché forse non sarebbero neppure in grado di rispondere e giustificare la loro appartenenza a quel gruppo di viventi.

Insomma, di varianti ce ne sono molte e non solo tra i familiari dei boleti (ce n'è per tutti i gusti, come in ogni famiglia che si rispetti). Alcuni di essi, dicono, hanno poco da invidiare al porcino se usati per condire una pasta o un risotto, altri si possono anche mandare giù con lo spezzatino (a patto che sia ben condito), ma solo dopo che si è proceduto all'eliminazione dei gambi coriacei.

Ma, come già accennato, non si tratta di una questione culinaria: la ricerca, pur non disdegnandolo affatto, trascende il mero aspetto gustativo o il ristretto interesse del destino riservato al carpoforo in padella.

A volte capita di trovare uno di quei vari esemplari (i fratellastri) nel corso della ricerca dell'unico e supremo. Spesso, sono proprio quelli che si scambiano per un autentico porcino e in questo, è ovvio, sta la loro massima soddisfazione oltre che la loro ambizione più grande. Dato, infatti, il grande risentimento che essi hanno nei confronti del nobile parente (l'invidia non è una malattia solamente umana!), godono nel trarre in inganno l'uomo. Vivono quindi come unico spazio di effimera e vacua gloria, il breve momento di illusione che intercorre tra il loro avvistamento e la frustrante conferma della mancata appartenenza alla specie prediletta.

Tutti noi, cercatori e cercatrici, non possiamo prendercela con loro (mai rompere funghi che non si raccolgono, la vendetta del bosco potrebbe essere spietata); non dobbiamo! È molto meglio affrontare la situazione con una certa superiorità nei loro confronti (anche per non dare soddisfazione a queste dispettose varianti). Infatti, molti fungaioli li chiamano semplicemente "porcinelli" (non senza offendere, ahimè, l'amor proprio dei corpi fruttiferi in questione), appianando in questo modo, come spietati rulli compressori, le loro specificità sopra elencate e riducendoli tutti, un po' sarcasticamente, a un unico e anonimo gruppo, giusto per dare loro una lezione che li riporti a maggiore umiltà.

Anziché incorrere in queste inutili e infantili scaramucce, in queste guerre psicologiche di bassa lega e di poco conto, è certamente consigliabile tenere sempre a mente la Teoria del porcino sopra esposta, per non rischiare di confondersi e di prendere inutili e fuorvianti abbagli: il porcino è porcino; altri come lui non ce n'è.

Quando si cerca qualcosa, si è presi così profondamente dal desiderio di ritrovamento che capita facilmente di scambiare un succedaneo dell'oggetto dei nostri sforzi per la vera meta del nostro stato di attenzione. Tale errore può anche essere dettato dal fatto che si cerca così a lungo e invano al punto che ci si accontenta di ciò che si trova (oppure si è solo impazienti di poter stringere qualcosa tra le mani), convincendosi che: "Posso sempre farli trifolati; con un po' d'aglio e prezzemolo saranno saporiti lo stesso"; oppure: "Se li provi senza saperlo, ti sfido a dire che non sono porcini!".

Purtroppo, se anche la gola può venire momentaneamente appagata, la certezza interiore rimane: erano solamente porcinelli. La corposità e la pienezza del sapore, sulle quali si può disquisire, dureranno ben poco e lasceranno presto spazio a un retrogusto un po' amaro, quasi di fallimento. Meglio ricordarselo, per non fare la raccolta sbagliata e non guastarsi il palato... E l'esistenza!

Tra tutti quelli che manifestano palesemente la più grande invidia nei confronti dei fratelli porcini, c'è sicuramente l'emblema del male: il Boletus satanas.

Rischi pericolosissimi

Tra tutti quelli che manifestano palesemente la più grande invidia nei confronti dei fratelli porcini, c'è sicuramente l'emblema del male: il *Boletus satanas*, non per niente detto anche "porcino malefico".

È lui che più di ogni altro gode nel combinare il guaio maggiore. Esso, infatti, non s'accontenta di essere normalmente mortale, come una qualunque amanita falloide che ti fa subito secco e basta. No. Lui è tossico. Vuol dire che le sue sostanze velenose non ti uccidono, ma ti entrano dentro e ti rovinano l'esistenza, compromettendola seriamente.

Ci vuole davvero una bella sbadataggine (per non dire di peggio) per confondere un *edulis* con un *satanas*, tuttavia, quest'ultimo può essere raccolto per sbaglio insieme a una cesta, mimetizzato tra altri porcinelli che, dato il loro malanimo, si guardano bene dal mettere sull'avviso il povero raccoglitore; al contrario gioiscono segretamente per ciò che gli accadrà.

Va detto che per chi ha un po' di esperienza, gli sforzi del *satanas* per trarti in inganno fanno quasi tenerezza. L'abito sgargiante che indossa e l'incapacità di non diventare blu al tatto lo rendono in fondo facilmente riconoscibile.

Lo stesso non può dirsi del più insidioso e scaltro dei falsi porcini: il *Tylopilus felleus* o "porcino del fiele". È così sicuro di sé, così certo di indurti in errore che non è nemmeno tossico o velenoso (anche i funghi a volte hanno una coscienza), ma si limita a essere amarissimo in bocca.

Il suo incontro e il quasi sicuro errore di valutazione dei cercatori improvvisati si risolve quindi in una grande perdita di tempo e nella mortificazione per l'inganno subito. Tu soffri e lui se la ride sotto i tubuli. A ben vedere, però, è giusto così e non tutti i mali vengono per nuocere: il *felleus* ti avrà insegnato qualcosa di importante senza rovinarti l'esistenza.

A sinistra il Boletus satanas, a destra il felleus

Quando ci si mette alla ricerca, in verità si vuole qualcosa che vada al di là del possibile ventaglio di esperienze che una semplice "fungata" può offrirti. Si trascende il limite dell'umano orizzonte e ci si vuole impossessare dell'oltre. Oggetti come il *satanas* o il *felleus* sono proprio lì per questo motivo: accontentare le smanie di risultati di chi vuole fare il colpo grosso, pensando di carpire quella rarità eccezionale senza prestare la dovuta attenzione, senza ascoltare fino in fondo la propria vocina interiore.

Anche in questo caso, quindi, il ricorso alla Teoria del porcino può venire in soccorso per dare maggiore pienezza alla filosofia semiseria di chi cerca.

Cerca il meglio di ciò che puoi trovare nell'habitat in cui ti trovi; e quel meglio, nel bosco, è il Boletus edulis.

Ogni altra raccolta sarebbe inutile, vana, dannosa anzi pericolosa, ma soprattutto impossibile da riconoscere quale vero oggetto del tuo desiderio. Attenzione dunque ai feticci.

Di funghi buoni ce ne sono comunque molti. Questo è un bene, altrimenti come potrebbe la montagna soddisfare le numerose esigenze dei più diversi cercatori.

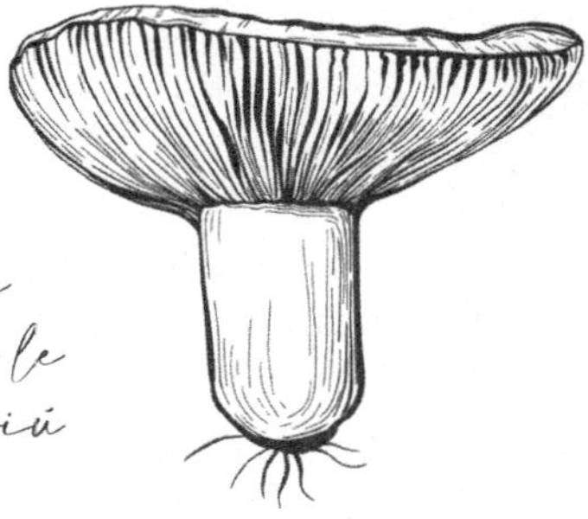

Tanti altri buoni funghi

Di funghi buoni ce ne sono comunque molti. Questo è un bene, altrimenti come potrebbe la montagna soddisfare le numerose esigenze dei più diversi cercatori. Se vai per finferli (o "giallini" o "gallinacci", che dir si voglia) la Teoria del porcino vale lo stesso.

Se abbassi lo sguardo costantemente a terra per cogliere qua o là una spavalda macchia gialla costituita da un'allegra famigliola di quei deliziosi corpi fruttiferi dei miceti, non per questo sei immune dall'esaltarti alla vista di un vero *edulis*, né tantomeno puoi non illuderti se non hai costantemente in mente la fatidica assunzione teorica.

Tuttavia, chi ha un atteggiamento di quel genere, spesso parte sfiduciato e rischia di incorrere ancor più facilmente nell'abbaglio. Infatti, già in partenza dice tra sé e sé: "Vado in cerca di giallini, perché figurati se riesco a trovare un porcino"; oppure: "Mi sa che non è proprio ambiente adatto ai porcini". A tutti costoro manca un po' di quello spunto iniziale che fa dire loro che ce la possono fare, che nella vita si può osare e cercare qualcosa di più e di grande.

Non che senza porcini nella vita non si sia felici, ma la loro lucida ricerca rimane una prerogativa essenziale per affrontare un'esistenza dotata di senso, di misura e di gusto, orientata verso ciò che non si è ancora trovato, ma a cui non si vuole in ogni caso rinunciare, senza essere disposti a confonderlo con una versione minore.

Non si tratta solamente di raccogliere il porcino, ma di trovarlo con la consapevolezza che non ci si può sbagliare. Un'intima certezza, data dall'esperienza, dalla ricerca e dalla fortuna.

Bisogna saper vedere, o grazie all'apprendimento (esperienza, volontà e ricerca) o in modo innato.

O sai già vedere o lo puoi imparare, se vuoi.

Ci sia permesso ora
tornare a parlare in prima
persona per esprimere,
ahimè, la più grande pena
verso un gruppo di persone,
purtroppo sempre più
numeroso.

Funghi in bustina e altre derive esistenziali

Ci sia permesso ora tornare a parlare in prima persona per esprimere, ahimè, la più grande pena verso un gruppo di persone, purtroppo sempre più numeroso.

Ci riferiamo a coloro che dicono: "Ma perché devo fare tutta quella fatica di andare a cercare i porcini, quando li posso trovare già belli e che pronti ed essiccati nella bustina che compro al supermercato?".

Che dire?! Sono quasi superflue le parole davanti a tanta ignoranza, superficialità e arrendevolezza esistenziale.

A parte il fatto che sfidiamo chiunque a paragonare le condizioni di ricerca del fungo in montagna, così come sono state descritte in partenza, con il mistico senso d'avventura che si prova spingendo un carrello da supermercato tra le affollate corsie, santuari della mercificazione. In ogni caso si sappia: i funghi in bustina sono per lo più porcinelli (e con questo crediamo di aver detto tutto), se non addirittura melanzane affumicate.

In ogni caso, anche fossero dei porcini, sono stati trovati da altre persone. Serve aggiungere altro?

Lasciamo quindi, senza dare giudizi di merito (anche se forse un po' traspare il nostro pensiero), che ciascuno eserciti come può la propria forma personale di spirito di ricerca, con la leggerezza e allo stesso tempo con l'onestà intellettuale di cui è capace. A questo proposito, ci sia però consentito mettere le mani avanti. A tutti coloro che si accontentano dei funghi in bustina diciamo che non occorre scomodare una teoria così filosoficamente elevata come quella del porcino per dare senso a ciò che fanno. Per essi è più che sufficiente l'antico detto popolare: "Chi cerca trova". Dove lo trovi, come lo trovi, a loro poco importa.

Se ciò che cerchi sono boleti già pronti e magari te ne impossessi orgogliosamente, per giunta pagando alla cassa, sapendo (basta leggerlo sull'etichetta) che il tuo spezzatino, il tuo brasato, la tua trifola o il tuo risotto sapranno quasi solamente di porcinelli (o di melanzane secche non dichiarate), allora non resta che augurarti "buon appetito".

Se invece appartieni a quella schiatta domenicale e turistica che, affascinata dal paesaggio montano e dall'ebbrezza della gitarella fuori porta, acquista funghi dagli ambulanti ai margini della strada provinciale, che percorri orgoglioso con la famiglia a carico, allora avrai fatto sicuramente un passo avanti rispetto alle bustine del supermercato. Se non altro si tratta di porcini ma, ancora una volta, trovati e raccolti da altri!

Niente di grave in questo: avranno ciò che desiderano tanto l'acquirente (la cesta da fotografare e postare sui social, magari chiosando: "Raccolta ricca oggi!", senza temere, impunito – meglio dirlo solo al maschile questo aggettivo – l'accusa di millantato credito, purtroppo non dimostrabile di fronte a nessuna giuria), quanto il venditore (il denaro che varia a seconda dell'abbondanza della stagione e della qualità micologica che ti ha propinato).

Anche a te, il più felice e appropriato degli auguri non può che essere: "Il risotto sia con te!" e tanto ti basti (una sola indulgenza per i vecchi cercatori, ormai anziani, che abdicano al bosco per cedere alle offerte che trovano ai lati del grigio asfalto).

Non di soli funghi commestibili o simili ai boleti è popolato il sottobosco.

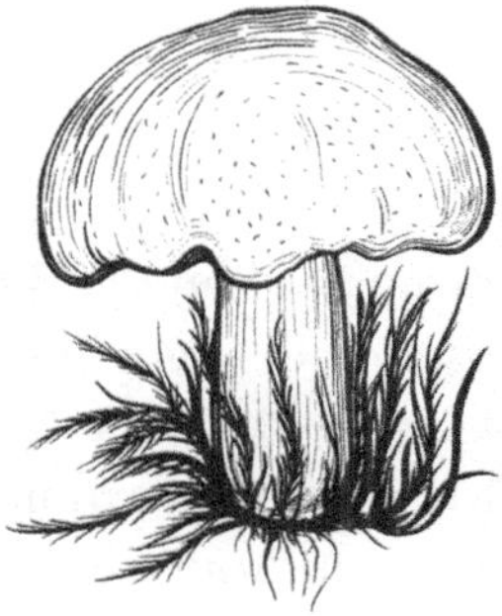

I funghi matti

Non di soli funghi commestibili o simili ai boleti è popolato il sottobosco. La varietà è tale da rendere improponibile un elenco in questa sede. Anche in questo caso, però, è possibile raggruppare i vari esemplari in un'unica grande famiglia, convenzionalmente riconoscibile sotto l'etichetta di "funghi matti".

I funghi matti, in genere, sono onesti, non vogliono fingersi quello che non sono ma reclamano il loro diritto di stare nel bosco. Per definizione un fungo matto non è commestibile e può o meno essere tossico o velenoso.

Anche la loro indole è mutevole, ma difficile trovare in loro invidia o risentimento verso il beneamato. Sono fieri della loro diversità e spesso la ostentano orgogliosamente, come nel caso dell'*Amanita muscaria*, il fungo delle fiabe, con il cappello rosso fuoco e molti puntini bianchi.

La *muscaria* è in genere ben vista dai fungaioli in quanto ama molto la compagnia dei porcini tanto da essersi guadagnata il soprannome dialettale di *segnabulé*, ovvero segna-porcini.

Anche se, come è giusto che sia, sei alla ricerca dell'unico e inimitabile, prova a dare un po' di attenzione ai matti e a trattarli con rispetto. I matti sono purtroppo tra i più bersagliati funghi del bosco e accanirsi su di loro distruggendoli a bastonate (o strappandoli inutilmente al terreno) è pratica barbara e poco edificante.

La consapevolezza dell'esistenza dei "matti" aggiunge nuove sponde di riflessione alla Teoria.

Nel bosco (come nel mondo)
c'è posto anche per ciò che è diverso da ciò che cerchi.
E tutto ha, in sé, pari dignità!

Se vai in cerca (di funghi porcini) cammina piano, con lentezza, perché procedendo di fretta è più facile scambiare una cosa per l'altra.

Per raccogliere le idee

Giusto per raccogliere le idee principali che riguardano la Teoria del porcino e ampliarne la portata in una misura adeguata a tutta la sua grandezza concettuale, è forse ora opportuno riepilogarne gli assunti principali.

Se vai in cerca (di funghi porcini) cammina piano, con lentezza, perché procedendo di fretta è più facile scambiare una cosa per l'altra. La tua attenzione è più efficace se si conserva come uno stato fluttuante, sensibile a ogni minima variazione del profilo del sottobosco, ma non per questo fossilizzata su ogni minimo dettaglio. Fermati, guarda vicino e poi guarda lontano in un'alternanza di panoramica e dettaglio fino a sentirti pronto per ripartire. Fermarsi un poco è spesso fondamentale per il successo della ricerca.

Non ribattere in maniera ripetitiva e maniacale solo i pochi punti del bosco a te già noti: non è detto che dove trovi qualcosa un anno (un fungo), ci sarà qualcosa anche l'anno successivo (ricresca un fungo).

Devi desiderare davvero di trovare (un porcino), ma deve essere un desiderio che nasce da dentro, autenticamente tuo e non dettato da condizionamenti esterni, né dall'ansia di arrivare più in fretta e più clamorosamente possibile a un risultato spettacolare.

L'esito della ricerca sarà soddisfacente solo quando avrai la calma interiore per distinguere ciò che sembra (un porcino) da ciò che è per davvero. Ricorda come non è tutto oro ciò che brilla, non è porcino tutto ciò che nei tuoi occhi, nella tua mente e nel tuo cuore non si manifesta apparentemente in quanto tale. Solo quando sei certo, avvicinati con amichevole e controllata baldanza all'oggetto che hai individuato e riconosciuto come autentico, coglilo secondo tutti i sacri cri-

smi naturalistici e le umane delicatezze del caso, cercando di conservarlo il più rispettosamente possibile, fino al momento in cui diventerai una sola cosa con lui (a tavola!).

Come anticipato, è impossibile dubitare della validità universale della Teoria del porcino.

La principale applicazione della Teoria

Come anticipato, è impossibile dubitare della validità universale della Teoria del porcino.

Essa, ed è facilmente intuibile, può essere applicata a una svariata casistica di situazioni della vita umana. Tuttavia, occorre ricordare, almeno nella sua formulazione originaria da giovani verso la tardiva fine di una bella adolescenza piena di spunti amorosi, che il principale campo di estensione della Teoria fungina sia quello che riguarda l'esperienza dell'innamoramento.

A chiunque e in qualsiasi età può capitare di imbattersi in una persona che attiri la propria attenzione. Quando ciò accade è perché l'individuo in questione si trova nella disposizione d'animo del cercatore autentico, che non è ossessionato dal raggiungimento del risultato-oggetto, ma che mantiene invece una costante attenzione alle novità del panorama umano intorno a sé.

A quel punto entra in gioco a pieno titolo la fatidica Teoria del porcino, nella sua versione relativa alle vicende tra i sessi e con tutte le varianti del caso.

Di fronte alla scoperta affettiva della nuova persona, si può subito correre a concupiscenti conclusioni, ma se quella non risuona dentro come l'eco del ritrovamento di un vero porcino, cioè se negli occhi, nella mente e nel cuore non si è certi o certe di aver davvero davanti a sé ciò che, consapevolmente o inconsapevolmente, si andava cercando, allora... Si tratta di un abbaglio (forse di un porcinello se non, addirittura, di un'amanita, evento raro ma pur possibile, che accade a chi è molto più preso dal desiderio di avere che di scegliere!).

La fretta impaziente, la voglia impellente, il desiderio inautentico possono infatti portare a scambiare per avvistamento di porcino, il sentimento che si prova, magari all'improvviso, verso una persona. Si badi però che, prima o poi, alla prova di realtà che accompagna il momento della raccolta o dell'essiccazione o della cottura o peggio ancora (ma allora, forse, è troppo tardi) della libagione, ci si accorge inesorabilmente di non essere al cospetto del tanto agognato corpo fruttifero dello specifico micelio, ma di qualcosa di ben diverso.

A quel punto ci si può già considerare fortunato o fortunata se si tratta di un *badius* (interessante fratellastro del beneamato) commestibile e, per molti, anche gustoso (ma pur sempre porcinello).

Si è invece meno in stato di grazia se ci si imbatte in un *felleus*, esperienza amarissima ma dagli effetti di breve durata. Se invece si coglie e si gusta un *satanas*, allora sono guai di notevole e venefica portata.

A tutti coloro che non sanno o non vogliono ben cercare, nemmeno nel campo delle proprie relazioni umane, viene spontaneo consigliare di lasciar perdere i porcini. Essi, infatti, richiedono costanza e assiduità di ricerca nel bosco nella giusta stagione; reclamano cura attenta e sensibile per la loro conservazione; necessitano di empatia olfattiva e tattile durante la loro preparazione in cucina.

Per costoro il suggerimento è di dedicarsi piuttosto a farsi occasionalmente una bella frittata di finferli raccolti freschi, quei simpatici, sfacciati, civettuoli e un po' superficiali gallinacci. Si notano facilmente nel sottobosco, li si tira su in fretta, se ne possono trovare tanti e con maggiore frequenza dei *boleti edulis*, ma soprattutto... Non chiedono a chi li coglie alcuna coerenza teorica.

Una raccolta di collaudati e saggi aforismi permette di completare la riflessione innescata dalla Teoria del porcino.

Aforismi a completamento della Teoria

Una raccolta di collaudati e saggi aforismi permette di completare la riflessione innescata dalla Teoria del porcino. I detti rispecchiano le differenti inclinazioni d'animo (ottimista, razionale o pessimista), dei ricercatori che li hanno formulati, da cui noi autori li abbiamo raccolti come preziose testimonianze ed esemplificazioni. Rispetto a tali detti ci permettiamo unicamente il lusso, che la correttezza nella riflessione filosofica ci impone, di stabilire quale sia il dogma indimostrabile che sta alla base di ciascuna apodittica affermazione di principio che consegue. Cioè:

Non sei tu che trovi il porcino.
È lui che trova te.

Aforismi dell'ottimista

Quando sono nel bosco e mi scappa, vado a fare un bisognino un po' più in là. Sicuramente in quel luogo appartato troverò un porcino.

Se trovi un porcino all'inizio della passeggiata, vuol dire che presto ne troverai altri.

Se trovi i porcini all'andata, allora ne raccogli anche al ritorno, sia percorrendo la stessa strada, sia cambiandola.

Non è felice chi trova porcini, ma chi sa che ne troverà, soprattutto se pensa che le sue aspettative verranno soddisfatte.

Se vedo un fungo matto vado verso di lui e mi faccio guidare da un percorso invisibile che mi porterà al porcino.

Se trovo un porcino troppo vecchio (o, anche se molto raro, troppo giovane) per essere raccolto, sento che nelle sue vicinanze mi aspetta un esemplare perfetto.

Ha piovuto molto e poi è uscito il sole, domani troverò i porcini.

È sabato e il bosco è pieno di gente che cerca. Ma il bosco è grande e se vado per la mia strada senza curarmi di loro qualcosa troverò. C'è sempre un porcino che ti aspetta.

Se non trovo nulla oggi sarò ancora più felice quando lo troverò domani.

La nebbiolina notturna, diffusa nel fondo valle, è la premurosa coperta per i porcini che cresceranno.

Aforismi della persona razionale

Non si è sempre e naturalmente disposti per cercare porcini.

Non si è sempre e naturalmente pronti per trovare porcini (o per essere trovati da essi).

A volte guardi lontano per cercare il grosso fungo visibile a distanza e non ti accorgi del boleto misurato e ben fatto che hai sotto gli occhi.

Non sempre il porcino si trova al primo passaggio, a volte bisogna ripercorrere più volte lo stesso punto per trovarlo.

Quando sono nel bosco e mi scappa, vado a fare un bisognino un po' più in là per non rischiare di farla sopra un porcino.

Non di soli porcini vive il risotto!

Se trovi un porcino all'inizio della passeggiata, vuol dire che alla fine avrai trovato almeno un fungo.

Non sempre trovi i porcini all'andata, talvolta li noti solo al ritorno, pur percorrendo la stessa strada.

È inutile darsi tanto da fare a seguire tutti i possibili percorsi nel bosco o nella pineta pensando che "se non lo trovo qui sarà sicuramente su quella cresta, quel canalone, quel pianoro": se il porcino deve esserci, ci sarà anche nel percorso più semplice e sottomano, senza inutili scalate e pericolose scivolate sul fogliame.

Per essere certo che si tratti di un porcino è inutile abbandonarsi facilmente a spontanee esultanze per l'insperato ritrovamento: prima osserva il corpo sospetto da più angoli e punti di vista, poi, semmai, gioisci: non dire porcino se non ce l'hai nel cestino.

Aforismi del pessimista

Il porcino è sempre sotto quella foglia di faggio, quella zolla sollevata, quel rametto caduto che hai notato nel bosco, ma sotto cui non sei andato a cercare, pensando: "Ho cercato dappertutto, figurati se è proprio lì sotto".

Quando vai con altri a cercare porcini, i funghi li trovano sempre il primo o l'ultimo della fila. Tu non sei mai né primo né ultimo nel gruppo.

Quando sono nel bosco e mi scappa, vado a fare un bisognino un po' più in là. Sicuramente in quel luogo appartato troverò... Il segno che qualcuno ha avuto la stessa idea prima di me.

La miopia fungina è una condizione naturale del cercatore.

L'avidità da fungo è una malattia incurabile del cercatore.

Se trovi un porcino all'inizio della passeggiata, considerati sfortunato: quasi sicuramente non ne troverai dopo.

Il porcino non è dove ti aspetti che sia, è lì dove ha scelto di crescere lui, cioè lontano dai tuoi passi!

Se non trovi i porcini all'andata, allora non ne raccogli neanche al ritorno, sia percorrendo la stessa strada, sia cambiandola.

Quando scelgo un versante da esplorare so già che tutti i funghi saranno sull'altro.

Porcini? Bah, non ne ho mai trovati! Perché dovrei iniziare a trovarli proprio ora?

Nella sua forma originaria, la Teoria è nata da giovani menti, non più ingenue e da teenager ma allo stesso tempo non ancora avvezze a tutte le cose della vita adulta.

La Teoria cambia nel tempo

Nella sua forma originaria, la Teoria è nata da giovani menti, non più ingenue e da teenager ma allo stesso tempo non ancora avvezze a tutte le cose della vita adulta. È quindi evidente che essa risenta del furore acerbo di una verde età

Ma, si sa, tutto cambia e si trasforma. Le persone modificano il proprio modo di essere, di agire, di pensare e così anche la Teoria si è evoluta, benché di essa rimanga tuttora uno zoccolo duro e immutabile.

Delineandone meglio i contorni, attraverso una rilettura a distanza di anni (più matura? disincantata? esperta? chi può dirlo!?), si potrebbe affermare oggi che:

La principale funzione della Teoria del porcino non è di escludere bensì di confermare!

Nel suo campo d'applicazione più evidente, ad esempio, la Teoria dimostra in modo forte la sua qualità apodittica. La risposta alla domanda "sarà vero amore? È lei/lui colei o colui che vado cercando? Ne sono sicuro/a?"

La Teoria offre solo risposte sicure sul "sì", non dice "forse" o "potrebbe". Dà solamente "sì".

Quando non risponde, quando non è in grado di fornire certezze, lascia semplicemente aperte tutte le possibilità. Non è affar suo risolverle, non perde tempo, non s'arrovella, non indugia, insomma... Non ciurla nel manico!

Ma quando è "sì", quando è "porcino", la Teoria non mente mai.

L'impianto riflessivo e argomentativo di fondo, infatti, rimane semplice, la finalità esistenziale (e fungaiola) si mantiene coerente: individuare il boleto del cuore con l'assoluta certezza di non potersi sbagliare. L'intero sistema di pensiero viene più facilmente in aiuto a chi ha vissuto l'esperienza del cercare nel bosco, avventurandosi senza timore oltre le tracce già battute, esplorando nuove vie al di là dei percorsi più amati, senza abbattersi neppure quando i risultati sembravano non arrivare.

Ma se anche non si ha mai avuto la possibilità di andare per funghi dentro a una pineta o a un faggeto, e quindi meno intuitivamente si colgono le implicazioni empiriche della Teoria, basta abbandonarsi a essa per non restarne mai delusi.

La Teoria, infatti, è sempre e comunque valida.

Tuttavia, con il passare degli anni essa può arricchirsi di quelle sfumature che solo vivendo si possono apprezzare (come è successo agli iniziali estensori).

Ci possono essere variazioni sul tema e approfondimenti, ma ciò dipende da ciascun individuo, dalla sua sensibilità, dalle sue attitudini e anche dalla sua storia personale. Ma tutte queste particolarità esistenziali nulla tolgono.

Tornando quindi all'ambito di esperienza umana all'interno del quale la Teoria è maggiormente riconoscibile, il suo cuore potrebbe essere tradotto nella massima:

Non avere dubbi quando incontri il vero amore
e coglilo come un buon Boletus edulis!

Ma allo stesso tempo ricorda che:

La Teoria è contingente.
Funziona sempre nel qui e ora, come
il vero amore, che è sempre nel presente.

E ancora, sulla vita sentimentale, si può aggiungere che se si tratterà di qualcosa di eterno o se sbiadirà col tempo, non è compito della Teoria affermarlo; dipende dalle umane scelte e sorti.

Volendo a questo punto portare il discorso fino alle sue estreme conseguenze, sperando di non offendere la sensibilità di nessuno, è possibile affermare che il vero amore nella vita non è necessariamente l'unico amore. L'amore, infatti, non è esclusivo, l'importante è che sia vero. Come un bel porcino, che la Teoria permette di riconoscere a colpo d'occhio con un entusiastico "sì!".

Ognuno può, a questo punto, seguire le proprie inclinazioni e decidere come rapportarsi di fronte ai delicati temi qui affrontati. Non c'è una regola unanimemente valida per definire l'arco temporale dell'amore, a ciascuno il suo, nel rispetto delle differenze.

E per non lasciare irrisolto alcun dubbio che, sicuramente, nasce spontaneo, non ci si sottrae qui dall'affrontare un ultimo nodo.

È possibile che ci siano più porcini contemporaneamente?

Nel bosco capita non di rado di vedere, e subito riconoscere senza esitazioni, due o anche più porcini nello stesso posto o in angoli vicini. Chi troppo e chi niente, verrebbe da dire.

Nella vita e negli affetti in realtà quest'evenienza è molto più rara ma non impossibile!

Si può porre un limite all'amore? Certo che no! Ne consegue che si possono amare più compagne o più compagni contemporaneamente (e forse qualche lettore o qualche lettrice ricaverà conforto dall'ultimo corollario esposto).

Ma altre domande ancora si potranno aggiungere con il procedere dell'età e dell'esperienza, fino a giungere al tempo dell'invecchiamento. Come si colloca la Teoria rispetto a tutti quei dubbi e quesiti? Quali risposte fornisce e fornirà?

Ricordando che la Teoria è contingente e non mira a escludere ma a confermare, è possibile dire che essa ora semplicemente non entra nel merito, prematuramente o con arroganza. Però, chi l'avrà fatta sua (e sicuramente non se ne sarà pentito o pentita!), potrà ricorrere al sostegno orientativo che essa fornisce, nel qui e ora della situazione in cui si renderà necessaria.

La Teoria, infatti, non pecca di presunzione. Al contrario, essa riconosce i propri limiti e confini. Solo in questo modo la Teoria del porcino diventa più forte e duratura, rimanendo indiscutibilmente valida!

Ad alcuni, meno avvezzi ai voli pindarici del pensiero, potrebbe risultare difficoltosa la comprensione profonda della Teoria del porcino.

La Teoria in forma di racconto

Ad alcuni, meno avvezzi ai voli pindarici del pensiero, potrebbe risultare difficoltosa la comprensione profonda della Teoria del porcino. Per agevolarli, pare allora opportuno esemplificarla attraverso una narrazione, che non ha la funzione di sostituire il solido perfetto costrutto, bensì di mostrarne una versione un po' romanzata.

Così come faceva Platone, che spiegava i suoi principi fondamentali attraverso i famosi miti, anche qui un buon racconto può egualmente condurre il lettore o la lettrice dentro al cuore della Teoria.

Il pollo dei boschi: "Chicken of the woods"

Voglio bene a zio Giovanni.

Mi è stato vicino, quasi un secondo padre al quale rivelavo anche i miei segreti fin dalla tenera età.

Poi è arrivato quel maledetto giorno.

Ho sofferto anch'io quando la zia, la sua Gina, è finita in fondo a un crepaccio. Non ha mai rinunciato a quelle arrampicate su roccia, spesso di difficoltà estrema. Era un'abile alpinista, ma le cose brutte succedono.

Io ho pianto tanto per lei, ma il maledetto giorno per me è stato dopo, quando Giovanni ci ha lasciati tutti ed è partito per l'America, da solo, senza avvertire nessuno se non a posteriori.

All'inizio ho vissuto sentimenti forti: il tradimento, l'offesa, la disillusione. Poi, col tempo, ho capito.

Oltre al dolore per la perdita, doveva affrontare la sottile e spietata cattiveria della gente, i sussurri sfuggenti delle malelingue, mescolati al cordoglio di circostanza.

– Certo che un po' se l'è cercata.

– Prima o poi doveva capitare, con i rischi che correva.

– La montagna non perdona errori.

Non ha retto, lo zio. Non voleva più vedere quei volti doppi, senza rispetto per la sua amata Gina. Ha preferito andarsene, anziché provare a ricomporre i cocci della sua esistenza lì in paese.

Un giorno, dopo aver venduto tutto di nascosto, è partito per il Wisconsin.

Avevo 18 anni. Due anni dopo ho ricevuto una sua lettera e poi a cadenza regolare mi arrivava una mail, in cui mi raccontava dov'era e cosa faceva e che era dispiaciuto. Ma non sarebbe tornato indietro.

Per diversi mesi ha vinto il risentimento e non gli ho mai risposto, ma lui ha continuato a scrivere. Lentamente zio Giovanni è diventato zio John, un nuovo vecchio amico al quale ho ricominciato a raccontare tutto di me.

Oggi ho 24 anni e a breve atterrerò all'aeroporto di Milwaukee. Con zio John ci siamo già visti tante volte, ma solo via web, con le videochiamate.

Oggi lo abbraccerò di nuovo, per la prima volta da allora. In America.

Mi ha regalato il viaggio per la laurea. Due settimane negli States, nel Wisconsin, nella sua casa tra i boschi.

Vacanza studio, l'ha chiamata coi miei, per affinare il mio inglese prima di tuffarmi nel mondo del lavoro.

All'uscita del gate non trovo lui ad attendermi ma, come nei film, vedo il mio nome e cognome scritto su un cartello, in mano a una giovane biondina con l'aria battagliera.

Ci presentiamo. Lei è Jane e mi spiega che collabora con John, ma è anche sua amica. Trovandosi già in città le ha proposto di recuperarmi e portarmi da lui.

Lo zio, eccitato per il mio arrivo, le ha parlato a lungo di me e ora è ansiosa di conoscermi.

Non parla italiano e comincio subito a sporcare il mio inglese con il tipico accento americano, mentre cerchiamo di chiacchierare durante il lungo viaggio in auto verso la casa dello zio, che però passa troppo in fretta.

Quando lo zio ci vede scendere ridendo dall'auto, si lascia scappare un largo sorriso. È contento che abbiamo fatto subito amicizia. Come allora, mi basta uno sguardo per capire i pensieri di quell'uomo che ha sempre saputo guardare dentro di me, cogliendo le mie inclinazioni, anche le più nascoste, senza mai giudicarmi. Intuisco subito infatti che, da buon romantico, si deve essere fatto un'idea di quell'incontro tra me e Jane. Forse l'ha orchestrato apposta.

Mi butto tra le sue braccia e lo stringo forte, in silenzio, a lungo.

Dopo una breve chiacchierata sotto il portico, davanti a un'imbevibile tazza di caffè americano, mi fa fare il giro della sua proprietà.

È un paradiso naturale. Lo zio ha fatto fortuna e si è ricostruito una vita. Ha una grande casa di legno e mattoni, immersa in uno scenario di pini, abeti, querce e mille altre essenze. Poco più in là un bel lago riflette il cielo d'un turchese mai visto e già mi immagino lì, sulla sponda, a pesca di trote o a prendere il sole.

Il posto in cui John vive e lavora, occupandosi di commercio di legnami, è davvero magnifico.

Jane, sempre presente durante il giro panoramico, si ferma a cena con noi. Non è solo sua collaboratrice nell'ufficio in città, è anche una persona che lo zio considera "di famiglia".

– Per domani ho in programma una bella escursione nei boschi in cerca di porcini! – dice lo zio – Ce la fate a svegliarvi alle 6?

Il plurale non lascia dubbi, l'invito è esteso anche a Jane, che accetta con entusiasmo.

Abita poco distante con i suoi e non ha problemi a farsi trovare pronta, anche se non sa nemmeno cosa sia un porcino. Come farle capire che, per noi due, è il fungo per eccellenza? *The king of mushrooms*!? Quella dei funghi è una passione che abbiamo condiviso per anni nei boschi del Piemonte; replicare l'esperienza insieme a lui in territori sconosciuti mi esalta oltre ogni limite.

Per far comprendere meglio a Jane la nostra eccitazione (che può sembrare eccessiva per un giro a funghi), zio John racconta come cercare porcini nelle valli delle nostre montagne sia qualcosa di magico ed emozionante e si commuove quando ricorda che, proprio durante una di quelle escursioni, ha trovato l'amore negli occhi della sua Gina. È un uomo speciale lo zio, uno che, ora come allora, capisce la forza travolgente di quel sentimento. Sa riconoscerlo in tutte le sue forme, come credo stia facendo adesso con me, favorendo l'incontro con Jane.

Ma gli aneddoti sono tanti e divertenti.

Una volta, durante la sfacciata gioventù, girava per boschi senza apposito tesserino, ahimè necessario in tante zone d'Italia. Stava quasi più attento a evitare eventuali controlli dei forestali che a scovare porcini, quando una voce forte alle sue spalle gli ha intimato:

– Ehi, che cosa stai facendo? Hai il tesserino?

Lui, colpevole e all'erta, prima ancora di voltarsi verso la voce minacciosa, ha fatto volare tutti i funghi fuori dal cestino, per disperderli colpevolmente tra erba e felci, evitando la multa.

Subito dopo, una risata da mal di pancia alle sue spalle, ha insinuato nello zio un dubbio presto divenuto certezza. Era uno scherzo! Quel pirla del Massimo, in pineta per lo stesso motivo, lo aveva intravisto e, sapendo che di tesserini Giovanni non ne aveva mai fatti, non aveva resistito.

Ridiamo tutti di quella storiella, ma non è l'unica. Infatti, John continua soddisfatto, dopo averci riempito i calici di vino.

– Ho pochi ricordi della mia infanzia, ma questo mi è rimasto impresso e ci rido sopra ogni volta.

Ci parla di sua nonna Ester, una forza della natura da cui ha ereditato l'antica passione per i porcini e la sapienza nel riconoscerli senza esitazione.

– Un pomeriggio d'agosto, io e lei eravamo su un pendio piuttosto scosceso – racconta lo zio – ero stanco e ancora non avevo trovato nulla. Malgrado gli incoraggiamenti, avevo voglia di tornare a casa e di mangiarmi un bel gelato. Nonna Ester era sotto di me, carponi, che perlustrava la zona come un predatore. Stavo risalendo, quando davanti a me ho visto tra l'erba una macchia marrone tondeggiante e carnosa, sopra un gambo bianco. Le parole mi si sono fermate in gola per l'emozione e mi stavo girando trionfante verso la nonna per indicare il porcino. Ma non ho fatto in tempo a scansarmi: sono rimasto travolto da Ester che, scattante e avanzando sui gomiti, puntava il porcino al grido di battaglia "MIO MIO MIO". Tanta era la febbre da fungo che quasi mi ha fatto cadere. Era il mio primo porcino e non sono riuscito a raccoglierlo!

La serata prosegue divertente fino all'ora di andare a dormire. Il giorno dopo sarebbe toccato a noi.

Finalmente nel bosco, alle prime luci del mattino, respiriamo immersi nella fragranza di erbe, muschi e resina. Il gioco di luci tra le fronde degli alberi è inebriante e il sottobosco riluce a chiazze, come i riflessi del sole sull'acqua increspata di un lago.

Zio John dice che possiamo dividerci ma che dobbiamo rimanere a portata di voce, per evitare di perderci e per avvisare gli altri in caso di animali pericolosi. Io e Jane restiamo anche "a vista" e ogni tanto ci facciamo un gesto con le mani come a dire "ancora niente".

Dopo tanti funghi di minore pregio, alcuni dei quali per me del tutto nuovi, a un certo punto ho finalmente la consapevolezza del porcino: l'ho trovato. Vedo però che anche Jane lo nota. Chi l'ha visto prima? Poco importa. Con un cenno d'intesa andiamo verso di lui e ci chiniamo sullo splendido esemplare di *Boletus edulis*, per coglierlo insieme.

Quando le nostre mani si sfiorano sul gambo del fungo, sento uno strano brivido percorrermi tutto il corpo e un senso di piacevole calore. È un contatto finalmente rivelatore. Ci guardiamo negli occhi e capiamo che stiamo provando lo stesso sentimento, consapevoli entrambi di aver trovato molto di più che un fungo pregiato.

Sto per dire qualcosa, quando un urlo strozzato ci fa sobbalzare:

– EHI, VENITE, VENITE SUBITO... L'HO TROVATO, HO TROVATO IL POLLO!

È zio John, eccitato e contento come un bambino. Immagino che sia davanti a un porcino grosso come un pollo!

Quando lo raggiungiamo, lo vediamo inginocchiato, come in un rito pagano, verso il tronco di una quercia. Sentendoci arrivare si alza e ci indica con aria trionfante il suo tesoro. Davanti a noi c'è una specie di massa globosa e gelatinosa di un colore improbabile.

Lo guardo con stupore: è quello il pollo? Quel coso ha scatenato il suo entusiasmo?

Lui si mette a ridere e anche Jane, quando vedono la mia faccia. Lei sa cos'è e sa che John sperava da anni di trovarne un esemplare talmente perfetto.

– Vedi – dice lo zio rivolgendosi direttamente a me – questo è un *Laetiporus sulphureus* o Pollo dei Boschi. Qui lo chiamano così per la sua carne, del tutto simile come sapore e consistenza a quella del volatile da cortile. Stasera lo assaggerai!

Poi si dilunga estasiato nel descrivere le caratteristiche di quel simpatico fungo allegro e sgargiante, aggiungendo che persino in Italia si può trovare.

– Ahah, sei perplessa? – ride cogliendo la mia espressione tradita – Anche io non avrei mai pensato di apprezzarlo tanto. Per me esistevano solo i porcini e tu lo sai. Ma vedi, cara Elena, sei stata proprio tu ad ampliare il mio sguardo, a farmi guardare oltre, senza pregiudizi. In America non ho fatto altro che applicare alla ricerca dei funghi lo stesso atteggiamento aperto che, grazie al bene che ti voglio, ho imparato ad avere verso le relazioni d'amore. Ma sappi che la gioia che provo per il “pollo” non toglie nulla al mio amore per il porcino!

Con la coda dell’occhio scorgo Jane. Sorride emozionata. Comprende il rapporto profondo che mi lega allo zio.

Poi si avvicina e mi prende la mano. La sento felice per la consapevolezza di ciò che è accaduto oggi tra noi due, per la gioia di quel nuovo importante inizio di ricerca... E di vita!

Per dimostrare, semmai ce ne fosse bisogno, quanto il fungo e la sua ricerca siano metafora della vita, aggiungiamo alcune curiosità in merito.

Curiosità... Teoriche!

Per dimostrare, semmai ce ne fosse bisogno, quanto il fungo e la sua ricerca siano metafora della vita, aggiungiamo alcune curiosità in merito. Lasciamo a lettori e lettrici il gusto e il divertimento di ritrovarvi analogie rispetto all'ormai consolidata Teoria del porcino.

L'organismo più grande del mondo è un fungo. Si tratta di un *Armillaria ostoyae* ed è stato scoperto in Oregon, negli Stati Uniti. Il suo micelio è grande e si diffonde per 965 ettari, circa quanto 1.665 campi da calcio.

L'*Amanita muscaria* può essere considerato il più matto tra i funghi matti. Il suo consumo può infatti provocare ebbrezza simil-alcolica, formicolii e blande allucinazioni visive e olfattive. Le renne volanti di Babbo Natale potrebbero essere un indicatore simbolico dell'uso del fungo da parte di alcuni popoli della Lapponia.

Fin dall'antichità, quando passeggiando per boschi o prati ci si imbatteva in funghi disposti a cerchio, si pensava di aver trovato un luogo magico dove le streghe si radunavano per ballare e compiere i loro riti. In alcuni paesi a tradizione anglosassone, le streghe vengono sostituite da fate e folletti e i cerchi sono considerati varchi con il mondo fatato. I "Cerchi delle streghe" sono formati da funghi di un'unica specie (ma molti funghi ne creano), accomunati dall'avere un solo micelio che si sviluppa ad anello. È un segno evidente che, come molti sanno, esistono forme di collaborazione anche tra i funghi.

L'*Hericium erinaceus* ("criniera di leone" in inglese, "testa di scimmia" in cinese) è un fungo commestibile e dall'uso medicinale. Può essere identificato per la sua comparsa su legni duri e per la sua tendenza a crescere con un singolo ciuffo di lunghe spine penzolanti. È ricco di alcuni componenti fisiologicamente importanti che sono conosciuti per l'effetto anticancro, antiossidante e neuro-protettivo. A volte ciò che forse non è bello e apparentemente perfetto può comunque fare molto bene!

La "vescia gigante" o "vescia maggiore" (*Calvatia maxima*) è un fungo che può essere consumato in molti modi. In umido, a fette come fossero bistecche, ai ferri, fritto, impanato o al burro. Gli esemplari giovani e sodi possono anche essere consumati a crudo in insalata. Una volta a maturazione, la vescia maggiore esplode liberando nell'aria una polvere scura che contiene le spore per la riproduzione. A causa di questa particolarità alcuni dialetti la identificano come: *pet de luf* o *put dal leuf*, o ancora *scoreze de luf*. In tutti i casi si può tradurre in "peto di lupo". È un fenomeno che testimonia che, anche nel mondo dei funghi, quando è troppo è troppo!

Infine...

La Teoria, come si sarà capito, si presta a spiegare molti fenomeni delle umane relazioni e dell'esistenza di uomini e donne, del modo di essere e di stare al mondo. Tuttavia, su molti argomenti a coronamento dell'impianto di base, non ci si è qui volutamente pronunciati.

È una scelta dettata dalla volontà di lasciare aperte non una ma più strade verso ulteriori riflessioni e approfondimenti, come dovrebbe saper fare ogni buon sistema filosofico che non teme smentite.

Si cerca meglio da soli o in compagnia? Dà più piacere la condivisione del porcino o il suo godimento individuale? L'oggetto della ricerca avrà durata effimera, come accade al *Boletus edulis* una volta colto, oppure assai lunga? E a questo proposito, conviene estrarre il corpo fruttifero del micelio dal suo ambiente o è consigliabile lasciarlo lì dove lo si rinviene e goderne sul posto? A chi giova immortalare l'oggetto del ritrovamento, esibendolo orgogliosamente e vanitosamente a chiunque attraverso i moderni e invadenti canali di comunicazione e visualizzazione sociale? Si ricava forse maggior piacere da un'intima e solitaria soddisfazione, senza smania di complimenti (o invidie!) altrui? Oppure è possibile contemplare una via di mezzo, mostrando il frutto del proprio successo esclusivamente ai pochi che possono davvero capire e apprezzare?

Se di ciascuna domanda qui sollevata si considera non soltanto l'inevitabile valore letterale, ma anche la densa e significativa portata metaforica nell'ambito delle proprie scelte di vita, ne segue che la Teoria ha ancora ampi margini di confronto e arricchimento sul piano etico e teoretico.

Ma pare qui corretto che ognuno si dia da fare perché adatti e ampli ulteriormente la Teoria, cercando possibilmente di salvaguardarne la maggiore fedeltà e ortodossia possibili, in base alle vicissitudini e alle contingenze nelle quali s'imbatte. In questo modo non vi saranno solamente dogmi, ma anche personalizzazioni (forse un po' relativistiche eppur sempre accettabili) dell'intero impianto. Così che ogni uomo e ogni donna, ogni ragazzo e ogni ragazza, leggendo la Teoria, possa farla propria e affermare di conseguenza: "È vera! È proprio così!", per poi gioire della sensazione di pienezza di senso che essa porta con sé.

A ogni lettore o lettrice, quindi, gli autori rivolgono in conclusione l'invito di una proficua ricerca, nel bosco... della vita. Che quest'ultima sia generosa di frutti, profumi, colori, spore e sorprese, come un bel cesto di porcini autunnali, con le loro tinte calde e il loro sentore di terra umida e ricca, badando bene che nel mucchio non si siano infilati, maligni o beffardi, *satanas*, *felleus* o porcinelli!

Roberto Morgese

Roberto Morgese vive e lavora a Parabiago, in provincia di Milano. È insegnante di scuola primaria e formatore di giovani maestri.

Ha pubblicato con diversi editori libri di narrativa per bambini e ragazzi, mettendo al centro dei propri racconti l'arte, l'ambiente e i diritti civili. Nel 2017 ha vinto il Premio Battello a Vapore come Miglior Autore. Per Edizioni Epoké ha pubblicato *Aiko sul Vulcano* (2017), *Homo Curvus* (2018) e *Il Diario di Faggio Chiacchierone* (2020).

Marco Rodolfi

Marco Rodolfi è nato a Milano nel 1965. Analista informatico di professione, ha da sempre coltivato altre passioni a cui non può rinunciare, dal cinema alla lettura, dalla fotografia alla scrittura. Ha partecipato sia a concorsi fotografici che letterari.

Ama la natura, la compagnia degli amici e la montagna, oltre ai sigari toscani e al buon vino.

Made in the USA
Monee, IL
08 November 2026

67383105R00059